健 康 的 水

王占生 著

U0249192

中国建筑工业出版社

图书在版编目（CIP）数据

健康的水/王占生著. — 北京：中国建筑工业出版社，
2018.8
ISBN 978-7-112-22522-4

Ⅰ. ①建… Ⅱ. ①王… Ⅲ. ①饮用水 Ⅳ. ①TU991.2

中国版本图书馆CIP数据核字（2018）第179711号

责任编辑：俞辉群
责任校对：芦欣甜

健康的水

王占生　著

*

中国建筑工业出版社出版、发行（北京海淀三里河路9号）

各地新华书店、建筑书店经销

北京红光制版公司制版

河北鹏润印刷有限公司印刷

*

开本：787×1092毫米　1/32　印张：⅞　字数：18千字
2018年9月第一版　2018年9月第一次印刷
定价：**5.00**元
ISBN 978-7-112-22522-4
（32605）

版权所有　翻印必究
如有印装质量问题，可寄本社退换
（邮政编码 100037）

引　言

　　这本小册子是根据美国马丁·福克斯博士所写"健康的水"中主要观点，结合我国国情与一些科学研究单位发表的资料补充写成。目的是让人们对水质有全面的理解，不仅了解水中的污染物质，也要了解水中的营养物质（矿物质离子），从而根据自己的认识去解决由此产生的问题，根据自己的条件和生理上的需要去选择健康的水。

前　　言

　　《健康的水》原是美国马丁·福克斯博士所写《长寿需要健康的水》一书的主要内容。由清华大学环境工程系组织翻译出版。因该书内容简要、易懂、观点明确，受到读者的好评，今已经历了 10 多个春秋，作者受命重编此书。

　　根据我国 2006 年发布，2007 年 7 月 1 日实施的"生活饮用水卫生标准"。我们充分肯定原作者的主要观点："让读者不仅知道水中存在有毒有害物，还应提供饮水中有益的矿物质的信息"。赞赏并认同原作者的主要科学论点，将他多虑的有关内容（如喝加氯水等）去掉，结合我国实际情况，补充我国研究者的成果，力求读者更易理解、更易实施。

　　世界卫生组织在 2011 年第四版"饮用水水质准则"中指出："不建议将有益矿物质的低限值列入准则"、"关于长期消费矿物质含量很低的水的益处或者危害，没有足够的科学信息，因而无从做出建议"。这些语焉不详的结论使健康水没有明确的水质标准，也引来了无数的争论。

　　我国的实际情况是有的饮用水水源遭受污染，自来水水质尚不尽人意，市场上却充斥各种水的商品，都称其有益健康，而我国广大居民对水少有了解，又要求喝健康的水，所以急需健康水的标准来满足人们的要求，这就需要我国公共卫生学、营养学、给水工程学、环保学的科技工作者们根据自己的认识，发表看法，明确观点来订出一个标准，哪怕是不全面、有缺陷的，让大家作靶子，通过讨论，批评、纠正、补充去完善它！

当前比较公认的是水中有益矿物质对人体是必需的，能保护人体健康，应尽量利用。

　　作者根据接触到的局限知识，结合自己的研究，提出一些想法，难免有不妥、错误之处，希望读者不吝批评指正！

作者

2018 年 5 月

目　录

水是必不可少的营养物

　　水是人体中最多的成分，同时也是消化食物、传送养分至各个组织，排泄人体废物、体液（如血液和淋巴液）循环、润滑关节和各内脏器官（以保持它们湿润，使得物质能够通过细胞和血管）以及调节体温所必需的。

　　没有食物，我们可以存活几周，但没有水，几天后就会脱水死亡。我们只有感到口干时才认为需要水，这种误解导致了广泛的慢性脱水，随之而来会产生许多健康问题。当水的消耗受到限制时，身体就会侵害一些部位以保护不同的组织和器官，导致疼痛、组织损伤和各种各样的健康问题。当摄入充足的水后，一些健康问题就能得到解决或减轻。

　　马丁·福克斯举例说明这个问题。两支欧洲登山队进行比赛，一支登山队的物质条件远好于另一支，却没有赢。随后这支沮丧的输队开始仔细地研究另一队的每步行动，发现唯一特别之处是他们在爬了一段时间后，每个队员都喝水。这种喝水的习惯导致了胜利，在不缺少能量时，充分饮水是取胜的关键所在。

　　饮用淡水与饮用饮料（如咖啡、果汁和茶）时水的生理作用不同，饮料含有脱水成分（咖啡因、茶碱）会刺激中枢神经系统，同时对肾脏产生强烈的利尿作用。

　　《中国居民膳食指南（2016）》建议日均饮用水 1500～1700mL。直接饮水是主要补充形式，每天直接喝 6～8 杯水（每杯水 0.23L）最为合适，我们不仅在口渴时喝水，应注意身体对水的恒定要求。即使有特殊情况，一天饮水也不要少于 500mL。

喝水不足会有哪些负面影响？以心血管为例，喝水太少，会造成血液循环量减少，脉搏和呼吸过速，消化器官功能降低，以致产生便秘，因此提倡多喝水，特别是清晨一杯温水，清洗肠胃，促进废物排泄。

过度喝水会冲淡血液浓度，使人体血液量增加，造成心血管系统的负担，多数情况不宜超过 3000mL。

水是一种被忽略的，却又是必不可少的营养物质，它能使你更健康、更有活力、更长寿！

水中的污染物质

自然界降水通过地球表面或渗入地层，溶解了地球表面的岩层，获得了各种矿物质离子，其中有的是人体必需的，如钙、镁、钾、钠等；有的却是污染物，如汞、镉、铅等。水中存在一些天然有机物（如动植物新旧代谢产物、腐殖质、藻类、藻毒素等）。近百年来，人工合成的有机物给人类带来了福利，但它们是双刃剑，也给人类带来了潜在的危害。

天然有机物质，如腐殖质，与消毒剂氯反应后，会产生消毒副产物，使人致癌，是一类污染。

湖泊、水库由于水中存在营养物质（氮与磷），在阳光照射下，会产生硅藻、绿藻、蓝藻。藻类会滋生藻臭，有的蓝藻会分泌毒素，对人体产生威胁。

天然有机物质，我们应该重视，但人工合成的有机物就更多了，如农药、杀虫剂、灭草剂、塑料添加剂等，由于它们质量小，难于净化处理，更应值得重视。

20 世纪 70 年代（1974 年）在美国水体中共检出 2241 种有机物，饮用水中检出 765 种，其中有 190 种污染物被确认对人类健康有不利影响。

上海市长宁区中心医院妇产科主任左绪磊称：8 月和 9 月出生的 10 个新生儿，测脐带血中化学毒素，每人身上平均检出 200 种合成化学物质。意味出生前从母亲那里接触到了毒素的冲击。化学品威胁是人类的终极威胁，比炸弹和战争还要糟糕，你无法躲避，它存在于这个世界的各个角落。

人工合成有机污染物可分以下三类：

1. 持久性化学物：不易被自然界微生物降解，长期存在于环境中，对人类有毒害。

2. 内分泌干扰物：类似于人类激素，进入人体后会与体内激素竞争：干扰生殖、生长功能；干扰免疫系统正常功能，降低人体免疫力；干扰神经系统正常功能，导致行为失控等反常现象。据统计发达国家每 5 对夫妇中就有一对不孕，中国每 8 对夫妇有一对不孕。

3. 药与个人保护用品：这些物质可使浮游动物和植物的多样性降低或丰度增加，有重要的生态学影响。抗生素类能促使水环境中细菌成为超级细菌使病人使用抗生素无效而死亡，美国每年因抗生素无效死亡 2 万多人，中国 8 万多人。

人工合成有机物大都属于水分子污染物质（分子量在 5000 以下），采用地表水源的自来水厂运行中的混凝——沉淀——过滤——消毒净化工艺很难有效去除，因而在自来水厂提质改造中常采用臭氧—生物炭深度处理技术，使水质达标。

膜技术中采用纳滤与反渗透技术是能高效去除有机污染物与矿物质离子，但由于经济、技术等原因，暂时尚难用于大规模市政自来水厂，仅在家用净水器中使用。

地下水水源受地表有机污染较少，一般受无机污染多，矿物质高，如硫酸盐、氯化物、硬度等。有些地区氟与砷含量高，危害健康。地下水源如受到地表水污染，则有机污染也会发生。

水中矿物质的作用

由于雨水流经地球表层，因此溶解了地层岩石结构的各种矿物质。这些矿物质中有些是人体必需的，是人类生长过程必不可少的有益元素，如钙、镁、钾、锌、铁等离子。

1974 年世界卫生组织公布了 14 种人体必需的微量元素为：铁、锌、铜、铬、锰、钴、氟、碘、硒、钒、镍、钼、锶和锡，近年来人们又发现和证实了锂、硅、溴、硼等对人体健康有益。对人体有害的是一些毒性很强的元素，如铍、镉、汞、铅、砷、铊、锑和锗等。

微量元素只占人体总重量的 0.05% 左右，但它的营养作用对人类的新陈代谢均有重大意义。

2010 年，国家卫生和计划生育委员会和中国疾病预防控制中心组织实施了全国 31 个省、市、自治区 25 万人群膳食营养与健康调查的重大项目。其结果显示，我国居民膳食矿物质和微量元素摄取状况严重不平衡，其中钠明显摄入过多，锰、磷也普遍摄入过多，而绝大多数人膳食钙摄取严重不足，钾、镁、锌、铜、硒也低于推荐摄入量。其中钙、锌、铁的摄入量在 2013 年较 2002 年还略有减少。

联合国大会 2016 年 4 月 1 日决定将 2016 年至 2025 年定为"联合国营养问题行动十年",以促进在全球范围内消除饥饿和营养不良、减少肥胖症等。决议中说:全球近 8 亿人仍然长期营养不足,1.59 亿 5 岁以下儿童发育迟缓,超过 20 亿人患有微量营养素缺乏症。受肥胖症影响的人数在各地区迅速增长,超过 19 亿成年人超重,其中 6 亿多人患有肥胖症。微量营养素缺乏的 20 亿人中,中国占多少,未见统计。

我国城镇人口中亚健康者居多,除了要减轻心理压力,完善营养结构外,水中含有的微量营养素也不能忽视。

世界卫生组织著第四版《饮用水水质准则》指出:在没有合适的关于饮用水和食物暴露量信息时,可以用分配因子一定程度上反映经由饮用水摄入的各种化学物质的每日总量。一般认为由饮用水摄入量占每日总摄入量的 20%,这个值较之前的过分保守的 10% 有所增加。分配因子由 10% 提升到 20%,是由于化学物质逐渐地被再评估,总暴露量也要根据评估的更新而更新。也就是说:每日得到的化学物质 80% 由食品获得,20% 由饮用水摄入。

矿物质新陈代谢理论权威、医药化学家 John Sorenson 博士认为"饮用水的矿物质能很好地被人体吸收。"

由于现代农业的发展,大量使用农药、化肥导致土壤地力下降,又因食物精加工的影响(精米、精粉、精盐、白糖等)使多种元素含量缺失,也引起了社会的关注。通过食品来满足人体对多种元素的需求,或许也是困难的。

由张片红、杨月欣编著的《水与生命》一书指出:人体血液中的矿物质分布曲线与所在地土壤、水源中的矿物质在含量上高度一致。人体必需的矿物质有 5%～20% 是从饮用水里获得的，水是矿物质最好的载体，如果缺少了某种矿物质，人就容易得病。矿物质对人体有重要的作用，是构成机体组织的重要成分。它们维持并调节体内的渗透压和酸碱平衡，维持正常的生理活动，是体内活性成分如酶、激素和抗体的组成成分和激活剂，并具有一些特殊功能。而对于人体是否需要从饮用水中获取矿物质，经过大量的科学调查、实验、分析，专家们已经形成比较一致的看法，得出的结论是：饮用水中的矿物质必不可少。

水中矿物元素是极为重要的，不管饮食结构如何丰富，人体都需要从饮用水中摄取一部分矿物元素。如果长期饮用不含矿物元素的水，就会带来各种健康风险。

对于微量元素在人体中的作用和意义也不能孤立地只注意某一元素的特异性质，还必须注意到各微量元素之间的相

杨月欣

  中国疾病预防控制中心营养与食品安全所营养评价室主任、研究员、博士生导师；

  中国营养学会理事长，营养与保健食品分会主任委员；

  中国食品科学技术学会常务理事；

  主要从事食品营养成分与人体健康关系、保健食品、食品功效成分和功能等研究。

张片红

  浙江大学医学院附属第二医院营养科主任、副主任医师；

  中国营养学会理事；

  中国医师协会营养师专业委员会常务委员；

  浙江省临床营养中心常务副主任；

  浙江省营养学会临床营养专业委员会主任；

  主要从事病人营养支持、营养学研究并开设营养科专家门诊。

互作用：拮抗作用与协同作用。

总溶解固体（TDS）是水中所有矿物质的指标，不仅包括钙、镁，也包括其他锌、铜、铬、硒等。

硬度是水中钙与镁的总量。硬度小于 75mg/L 称软水，75mg/L～150mg/L 称硬度适中的水，大于 150mg/L 称硬水。

中国老百姓 80% 缺钙，60% 的人边缘性缺钙。

成年人，每天需要镁 360mg，而钙约 800mg。

水中溶解性离子状态的钙与镁，较食物中的钙镁更易被人吸收。

世界卫生组织认为，对那些缺乏钙与镁的人来说，饮用水可作为补充钙与镁的主要来源。

我国第三军医大学预防医学院环境卫生学教研室舒为群教授团队通过对不同商品水进行了系统研究得出结论：

认为饮用低矿物质水对人体健康风险及疾病是关联的。

认为水中镁的含量与心血管疾病以及肿瘤发生呈负相关关系，水中钙的含量与骨质疏松呈负相关关系。也即镁含量越高对心血管病有利，而钙含量与骨骼生长有关。

水和心脏病

国外一些研究成果显示：饮水和心血管病死亡率有关系，水中硬度与 TDS 是两个重要的因素。马丁·福克斯提供了以下论据。

最早关于饮水和心脏病关系研究是 Schroeder 在 1960 年开展的，在他的论文"心血管病死亡率和净化水供给的关系"中分析了美国 163 个大城市的水质，化验了 21 种成分，并和心脏病相关联，他总结道：喝软水要比喝硬水易得心血管病。

1979 年 Comstock 在总结了 50 项研究成果后，也得出：水的硬度与心血管病死亡率间的相关性是存在的。

在英国，从 1969～1973 年英国区域性心脏病研究分析了 253 个城镇，发现软水地区心血管死亡数比硬水地区高 10%～15%，并提出最理想的硬度是 170mg/L。

在 DakRidge 国家实验室的一份报告中，提出硬水中的钙、镁能够降低心脏受冲击的危险，这项研究比较了 1400 多名威斯康星州的男性公民，他们喝的是自己农场的井水，结果喝软水的农民患心脏病，而喝硬水的农民，大部分不存在这方面问题。

在英国的两个城镇 Scunthrope 和 Crimshy 也看到这一现象，曾都饮用硬度 444mg/L 的水，心脏病死亡率相同，当 Scunthrope 市把他们的水软化到 100mg/L，几年后心血管病的发病率猛然上升，而 Crimshy 市仍保持原有发病率。类似现象也发生在意大利 Crevalcore 市和 Montegiorgio 市以及 Abruzzo 地区。

美国 Sauer 分析了 92 个城市饮用水的 23 个指标特征，发现喝含高 TDS 的人们，死于心脏病、癌症的慢性病概率比喝含低 TDS 的水要少些。

马丁·福克斯总结道：首先水的硬度和心脏病死亡率有明确的联系；其次 TDS 和心脏病死亡率也有确定的关系，TDS 越高，心脏病发病率越少，饮水中适当的硬度（大约为 170mg/L）与 TDS 是有益的，构成了健康饮水。

我国第三军医大学舒为群教授在水中矿物质与心血管疾

病关系研究中，明确：水中矿物质极少时，可致血脂水平增加，心血管独立危险因素水平增加，血管内膜增厚，心肌病变。从动物和人体角度同时证明：用极软水，可使心血管疾病发生风险相对增加。

我们同意以上观点，至于硬度具体数值将与欧美国家有所差别，膳食结构与生活方式不相同，他们喝生水，我们喝开水。我国自来水大都采用地表水源（占水源的 80%），原水中 TDS 与硬度不会太高。

据近来做直饮水的企业反映：硬度超过 100mg/L，居民煮水就结垢，国外居民都喝生水，英国统计 170mg/L 为好，我们认为将这个标准改为 100mg/L～150mg/L 较适宜我国情况。

水 与 癌 症

我们享受着 20 世纪的物质文明，但必然也会遭受物质文明所带来的污染威胁。很多人工合成有机污染物在水环境中出现，甚至在饮用水中存在，引起了公众广泛关注。据估计，60%～80% 的癌症是由环境因素引起的，人们一致认为，多数癌症是由于环境中化学致癌物造成的。许多致病成分常常会潜伏 20～30 年才显示出来，我们每个人的新陈代谢功能不同，对致癌的反应也各不相同。

我国"生活饮用水卫生标准"对一些致癌有机污染物作了限量要求，以保饮水不致得癌。

这里我们要讨论的是无机矿物质对癌症的影响。

国外一些学者对调查、研究所得资料进行分析研究，认为饮用水中 TDS、硬度、pH、二氧化硅有助于我们防止癌症。

Buyton 和 Cornhill 分析了美国 100 个大城市的饮用水,发现饮用水中如果含有 300mg/L 的 TDS、硬水、偏碱性水 (pH>7.0),并含有 15mg/L 的二氧化硅,那么癌症的死亡人数就会减少 10%～25%。

Sauer 发现二氧化硅和癌症的相关性,当二氧化硅含量越高,患癌症的人越少,他同时指出,当水是硬水时癌症发病率就低,饮用水中含有较高的 TDS 和硬度将导致较低的心脏病和癌症死亡率。

有人研究水的 pH 偏碱性是一个降低癌症死亡率的关键性因素。偏碱性的水引起的心血管病少于偏酸性水。软水 (pH<7.0) 容易腐蚀建筑物中镀锌钢管 (使用居多) 或 PVC (聚氯乙烯) 塑料管溶解出铅和镉或化学物质。

马丁·福克斯认为从综合因素看,TDS 300mg/L,有硬度,pH 偏碱性的水会降低癌症致死的危险性。

以上观点建立在统计学基础上,结论可以作为参考。

健 康 的 水

如前所述,水是人类必不可少的营养物。水中含有的物质是一分为二的,有对人体有毒有害的物质,也有有益于人体的微量营养素。

健康水首先应是安全的,不致让人得病,同时也要有营养,对人体健康有益。

安全:首先水质要符合我国的"生活饮用水卫生标准"。

这个标准是按照联合国世界卫生组织颁布的"饮用水水质准则",结合我国实际而制定的。饮用水水质达到"标准",即水中各种有害物质都不超过其限值,对人体无害。污染的限值是按 70 岁、60 公斤重的人终身饮用含污染物的水,只有10 万分之一的人会生病或得癌。所以说符合"标准"的水是安全的,合格达标是及格分,60 分。理论上水中有害、有毒物质应越少越好,但要从国家整体经济状况考虑,目前尚不能做到更好,需一步步提高。如果经济条件允许,根据个人生理需要,想喝 80 分或 90 分的水,自己购买商品水或采用净水器来提高饮用水质量也是一种有效的补充手段。

营养:在饮用水中保留水源水中原有的对人体有益的微量营养素是必要的,这些必需的营养素在地表水中会少一些,地下水中会多一些。在饮用水净化中应去除污染,但还应尽量保留营养物质。

水中有毒有害污染物越少,矿物营养物质越多,就是既安全又营养的健康水了。

诸多水中,天然无污染的水、天然泉水、天然矿泉水(不是所有人都合适)可称为健康水。经净化的饮用水,有害物质尽可能地少,且尽量保留原有微量营养元素(好水源采用超滤,较差水源采用纳滤)也可认为是健康水。

采用纯净水或反渗透技术净水器的出水,应该说是绝对安全的,但从营养角度,去除了水中几乎全部有益离子,长期喝,对健康是有影响的。

纯 净 水

纯净水原用于电子工业半导体生产，高压锅炉也需用纯净水，航天飞行员在太空长期喝"太空水"（也是纯净水）。由于改革开放初期水源受到污染，自来水达不到国家标准，人们急于喝没受污染的水，安全水。北京地区人们误解水结垢就是水受到污染，愿意喝不结垢的水，也选择了纯净水。

应该说：纯净水是用市政自来水经过反渗透膜净化，将有机污染物和无机污染物几乎都能去除，是绝对安全的，但同时将人体必需的微量元素也去除了，从健康角度看，难免就有缺陷。

航天飞行员喝纯净水是太空飞行条件决定的，而他们是服用营养剂的，长期喝，不会有问题。

纯净水用于会议、待客、旅游是很方便的，但如作为家庭用，长期喝，尤其是老人、小孩、孕妇就不适宜了。

早在20世纪80年代，海军医学研究所营养给水研究室给水科研组丁南湖等为了改善和提高舰船、岛礁上供水的水质和水量状况作了卫生学调查，对指战员饮用海水淡化水前后的体征指标进行了比较，并在实验室进行了相关项目的动物试验，结果表明：收集雨水为主的饮用水、蒸馏式海水淡化装置制得的淡化水矿化度极低，久喝感觉身体乏力。

部队卫生工作者在1987～1994年用鼠做试验，长久饮用蒸馏水，发现体重下降，骨质疏松、肌肉萎缩，认为健康的饮用水必须含有一定的硬度，即含有矿物质。并制定了

"中华人民共和国国家军用标准 GJB 1334-92 低矿化度饮用水矿化卫生标准"。标准规定，对低矿化度饮用水通过矿化处理，让钙、镁、钾、钠、总硬度与总溶解固体等达到一定限度（适宜范围）。

营养学家杨月欣、张片红认为长期饮用纯净水，对人体的矿物质营养不利，少选为佳。

也许大家可以认为：水中少量营养素我放弃了，我可以从食品中去获得需要的营养。那么：1. 由于经济条件和生活习惯限制，难于使食品结构全面合理；2. 即使食品结构全面合理了，也不能如愿地从贫矿化的蔬菜和粮食中获得。那么 20% 的营养素，能从水中获取的，是轻易放弃呢，还是应该努力获取呢！

1997 年在上海市科学技术委员会、教育委员会、卫生局曾遵照市政府指示、组织专家们对中、小学生饮用纯净水一事进行科学论证，专家们认为：饮水是提供人体所必需的矿物质和微量元素的重要途径之一，而纯净水不含任何微量元素、矿物质。人体如果缺乏这些元素，就会造成营养失衡。如长期饮用纯净水，将对中小学生的健康成长造成影响。因此，上海市科学技术委员会、教育委员会和卫生局建议不应该在中小学校、幼儿园推荐饮用纯净水（沪科［97］第 078 号、沪教委体［1997］19 号、沪卫防［1997］38 号）。

在 2013 年上海市教育委员会、卫生和计划生育委员会、质量技术监督局、水务局共同发文印发《上海市中、小学校校园直饮水工程建设和维护基本要求》的通知，在通知中明确以自来水为原水，经净化处理（除反渗透技术外）和消毒……作为设备技术要求，再一次地拒绝了纯净水。

多种水商品的安全性与具有的微量元素表

水的种类	水源	处理水平	安全性	微量元素
自来水	受轻微污染	一般处理 深度处理	达标安全	同原水
天然泉水	无污染	一般处理 超滤	安全	同原水
矿泉水	无污染	一般处理	安全	某方面多
纯净水	自来水	反渗透	绝对	无
纳滤水	自来水	纳滤	很安全	保留部分

从表中可见，自来水达标，就是安全的。泉水、矿泉水经一般处理，都能保留原有的微量元素。矿泉水则在某个或某几个元素比天然泉水更丰富。纯净水经反渗透膜处理，有机、无机污染都去除，应该是绝对安全的，但不能保留原有微量元素，有缺陷。纳滤技术比一般处理、超滤处理更精密，比反渗透稍差，可以去除有机污染 $70\%\sim80\%$。按需要可选择去除 TDS 适宜的纳滤膜，既去除了有机污染物又保留一些必需的微量元素，可以认为是又安全、又健康的水。

家里如用的是反渗透净水器，可以在更换反渗透膜芯时，改用纳滤膜芯就可以了。

口感与健康

口感与健康有时并不统一。不含或少含矿物质的水口感皆优，含矿物质多的水口感较差！矿泉水口感不一定好，但含有一种或多种有益物质（含偏硅酸、含锂、锶、碘、锌等）的水对健康有益。

日本学者认为，水的口感与钙离子和镁离子的比例有关：钙离子多，其比例大的水口感好；镁离子多，其比例小的水口感差。

山泉水和地下泉水含少量矿物质，口感好；

矿泉水含矿物质较多，口感一般；

纯净水口感好，但缺乏有益元素；

每个人可以根据自身需要，选择口感好又有益于健康的水。

自来水是否安全，能否直饮

我国 2006 年修订了国家生活饮用水卫生标准（BG 5749—2006）。修订的依据是参照世界卫生组织的"饮用水水质准则"，参考了美国、日本、俄罗斯等国家的标准，并结合我国实际情况制定的。

"准则"规定：以 60 公斤体重的人，生存 70 年，每天喝符合准则的水，将终身安全。

当今，我国饮用水的水源受污染较普遍，但省、市、县各级政府都在积极改善水源环境，改进与提高处理工艺，努力使自来水达到国家标准，供居民饮用。

自来水厂出厂水质合格，是否居民水龙头出水也合格呢？这里就有一个管网水与小区或高层建筑供水系统中贮水池与高位水箱、入户管的二次污染问题。二次污染是管网水进入小区后，由于水压不够（一般城市水管供水可达六层楼），先放入贮水池，由配套的水泵增压供水至用户。高层建筑还应配备高位水箱。管网水放出后在贮水池或水箱中停留过长时间，水中余氯逸出，使水容易遭受微生物污染。小区管道与建筑物中配水管道（过去曾用镀锌钢管，易被腐蚀）形成铁锈，产生臭、味，增加了浊度、色度，甚至有铅渗出。水池、水箱由于是开敞水体，也易受人、小动物和昆虫活动的污染。只要将水烧开，杀灭了细菌，安全基本就有保障。

国发〔2015〕17 号"水污染防治行动计划"（简称水十条）中明确：保障饮用水水源、供水厂出水和用户水龙头水质等饮水安全。地级及以上城市 2016 年起，县级从 2018 年起，每季度要向社会公开饮水安全状况。

用户水龙头出水水质达标，自来水是安全的，可以放心喝。用户也要合理科学使用，改造建筑物内管子和水龙头，使用前先放一下水，放掉滞留水，用水洗洗水龙头，然后再喝，这也就是直饮水了。

我们说自来水达标是安全的，并不是说自来水水质就能满足各类用户的需要了。用户对水质的认识加深了，也就会对水质提出更高要求，自来水水质达标，也就是合格，是 60 分，是安全的，但由于国家、地方政府暂时尚不可能进一步提高水质，像用户所要求的那样，只能逐步、逐年提高。当用户经济条件许可，愿意喝污染再少一些的水，喝 80 分、90 分的水，那就需要根据当地自来水水质，自己的生理健康状况，自己的经济条件，来选择既干净又保留有益离子的包装水，或选择适用的净水器。

加氯消毒法

我国目前饮用水中杀菌还是采取加氯消毒。因其价廉有效，世界各国大多数仍采用加氯消毒。

19世纪90年代末，世界上开始采用加氯消毒，迄今已有百余年历史。20世纪60年代末有研究者提出氯是造成动脉硬化的基本原因。后来又被证实氯与天然有机物腐殖酸相结合形成潜在的致癌物三卤甲烷。

我国生活饮用水卫生标准中规定三氯甲烷的限值0.06mg/L。加氯消毒能确保水中的病菌被杀灭。只要饮用水达到国家标准，喝加氯消毒水，饮用者的安全是得到保障的，更不会得癌。水中三氯甲烷80℃左右就挥发，水烧开了喝，更为安全。

微生物造成的疾病（痢疾、伤寒、霍乱……）对人体健康直接有关，是急迫的，而加氯造成的致癌影响是间接的，与消毒不充分可能引起的风险相比，消毒副产物带来的健康风险是很小的。重要的是不能为了控制消毒副产物而忽略消毒效果！

净 水 器

目前净水器市场上有以下几种：

1. 活性炭吸附　它可进一步去除有机污染物，保留矿物质。

2. 超滤　可进一步去除大分子有机污染物，但主要去除细菌、病毒，使浊度达到 0.1NTU（自来水浊度标准为 1NTU），不能去除矿物质。

3. 软化　用树脂交换法，以钠离子取代钙和镁离子，使水软化，但钠离子增加一般不会超标。

4. 反渗透　进一步去除有机污染物至 90%，重金属离子几乎全部去除，水中矿物质去除 95% 以上，留下极少量一价离子，有毒、有害物质几乎全部被去除，但缺少了有益营养素，对健康有隐患。

5. 纳滤　是介于超滤与反渗透之间，也称"低压反渗透"，去除有机污染 70%～80%，对矿物质去除不及反渗透，故能保留部分二价离子钙、镁与一价离子。有的厂家将去除 TDS 总溶解固体的纳滤膜分几档：30% 左右、50% 左右与 90% 左右，以备选用。

如果自来水取之于地表水源（江、湖、水库），水质良好，则可选用活性炭、超滤。

如果自来水取之于地下水源，愿去除水垢，进一步去除有机污染、重金属离子，则可采用反渗透或纳滤。

取自地表水源的自来水，原水水质较差，主要去除有机污染，则可采用纳滤，以保留原不多的矿物质，符合健康水。

用户可以根据自己的经济条件、营养状况、生理需要来选择净水器。

净水器使用中要及时更换滤芯。一般活性炭滤芯要半年更换，反渗透、纳滤的滤芯根据产品说明书一年或一年半更换。

皮肤的吸收

喝一口好水是否就安全了，那么洗涤用水、淋浴用水的水质就可忽略了，不行！饮用水中有害化学物质用口喝入并不是唯一的途径。对于人体来说还有皮肤吸收与呼吸摄入。

马丁·福克斯举例：当人淋浴时，水中挥发性有机物由于加热挥发至空气中，在狭小空间里被口鼻吸入 37%，而皮肤吸收高达 63%。整个人体担负的挥发性有机物，可以认为 1/3 经口饮入，1/3 经淋浴时皮肤吸收，另 1/3 在洗涤或洗澡时吸入。所以他认为淋浴水与饮水的水质应同样重要，并建议要么分别设净水器，要么共用一个净水器。

饮水净水机取水慢，水量小，但淋浴用水瞬时水量大，两者很难合在一起，如有需要可分别处理，或采用统一家用的净水系统。

厕所冲洗水

厕所冲洗水主要应保证杀灭细菌和病毒。根据资料冲厕时，如不将马桶盖放下，由于水的激烈湍动，水中细菌和病毒就可以进入空气，并上升到 6 米高。结合沙氏病菌使香港淘大花园整个楼的居民都被传染的例子，可知病人的排泄物由于置于室外的排水管破损而渗漏，病菌进入空气后传播到各用户（一般都开窗）。自己的洗涤用水，用于冲洗厕所是无危害的，但如果采用的是市政再生水，浊度 5NTU，则细菌和病毒可能藏于这 5NTU 浊度内，剩余消毒剂杀灭不了，就有可能传播疾病，因此在沙氏病菌传染期间，北京市政府禁止再生水使用。作者认为厕所冲洗水的浊度应是 1NTU（与饮用水一致）才能保证灭菌效果！

结　　论

健康的水，首先是安全，应少含或不含污染物质（越少越好），让人喝了不得病，然后，还应尽量保留水中原有的、对人类健康有益的矿物质离子（越多越好），既安全又健康！

健康的水标准：

硬度：100～150mg/L；

总溶解固体 TDS：200～300mg/L；

pH：家用不限，如果市政供水则≥7.0。

洗涤和淋浴用水接触皮肤也应是健康的水，厕所冲洗水的浊度，应有保证，才能有剩余消毒剂杀灭细菌和病毒。